U0155409

哈哈哈！有趣的动物（第二辑）

火烈鸟

〔法〕蒂埃里·德迪厄 著

大南南 译

CTS 湖南教育出版社

·长沙·

我也可以做有趣的事啦！

火烈鸟是一种大型水鸟。
它有一双大长腿，还有一个长脖子。

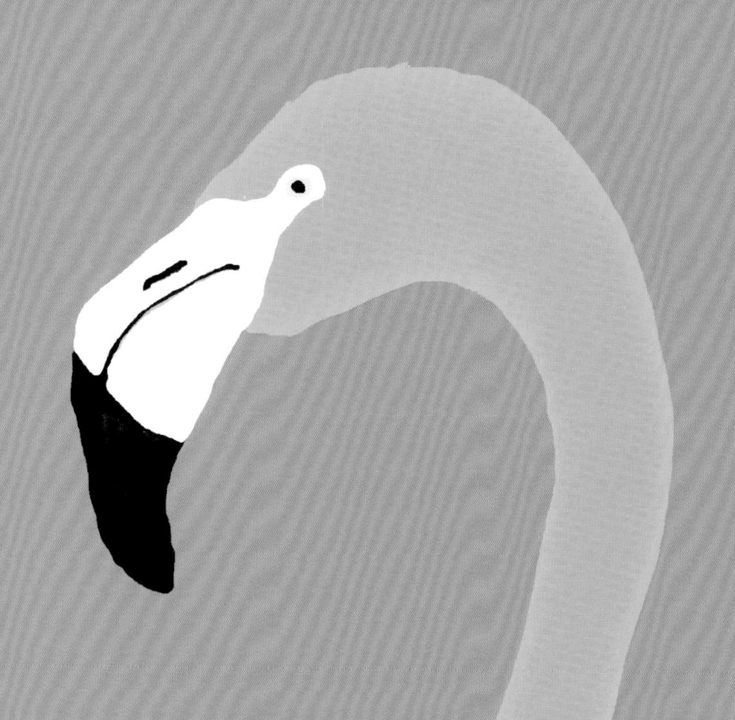

火烈鸟过着群居生活。

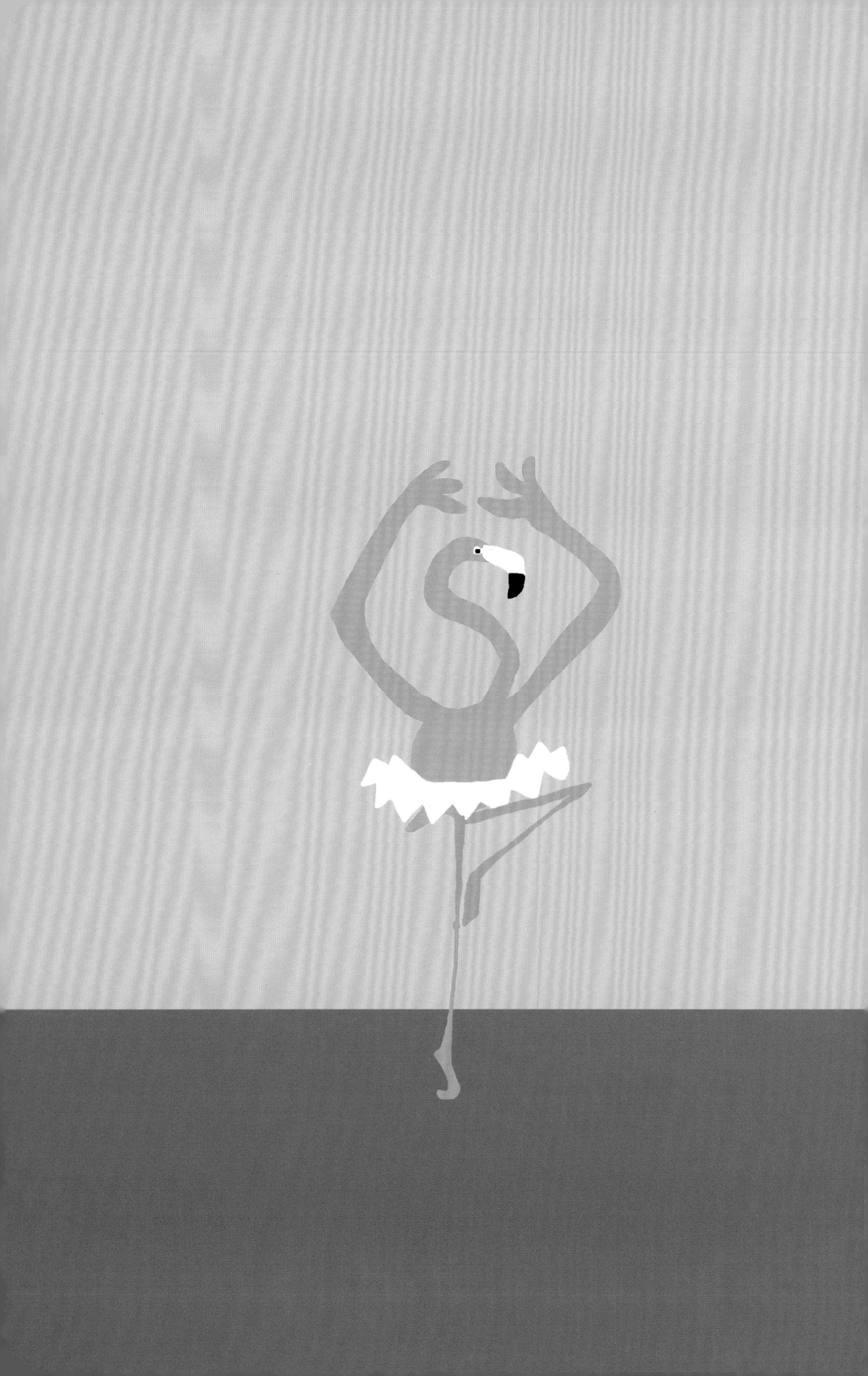

为了吸引雌鸟，雄鸟会进行求偶表演。

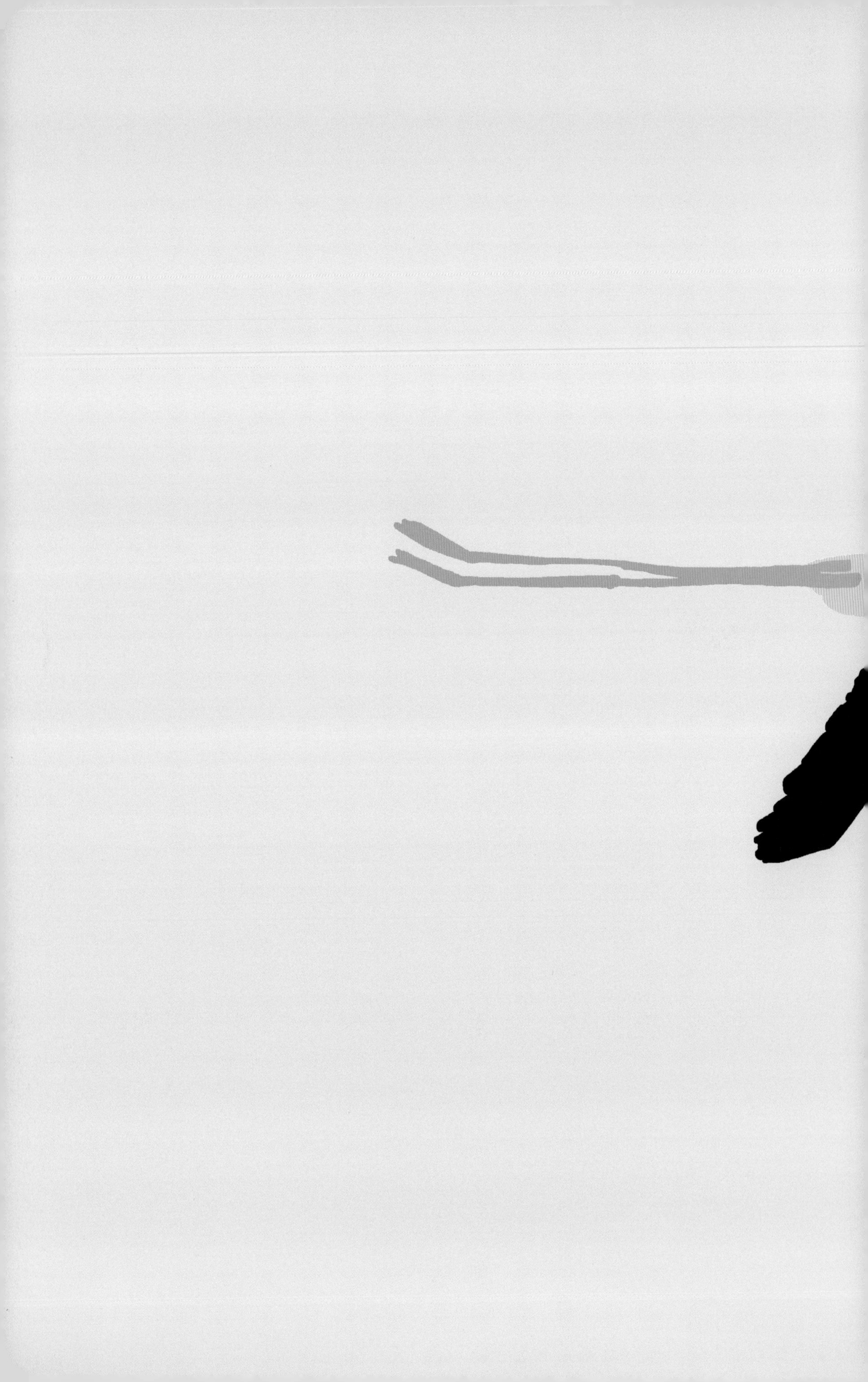

火烈鸟飞行时身体会伸展成一条直线。

火烈鸟睡觉时

会单腿站立，并把头埋进羽毛里。

火烈鸟的嘴
方便它们把头倒过来吃东西。

和鲸鱼一样，
火烈鸟的嘴可以过滤水和泥浆。

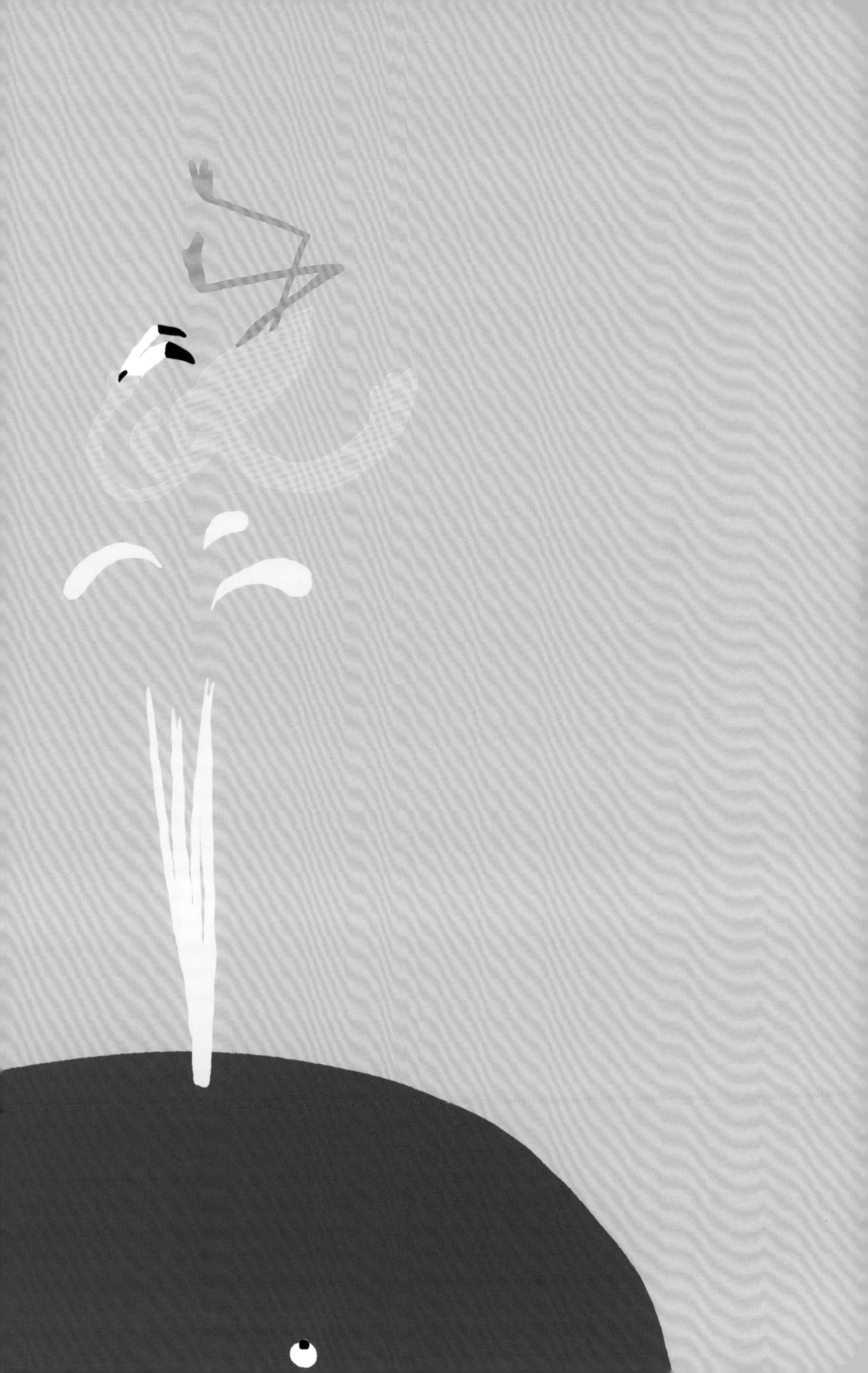

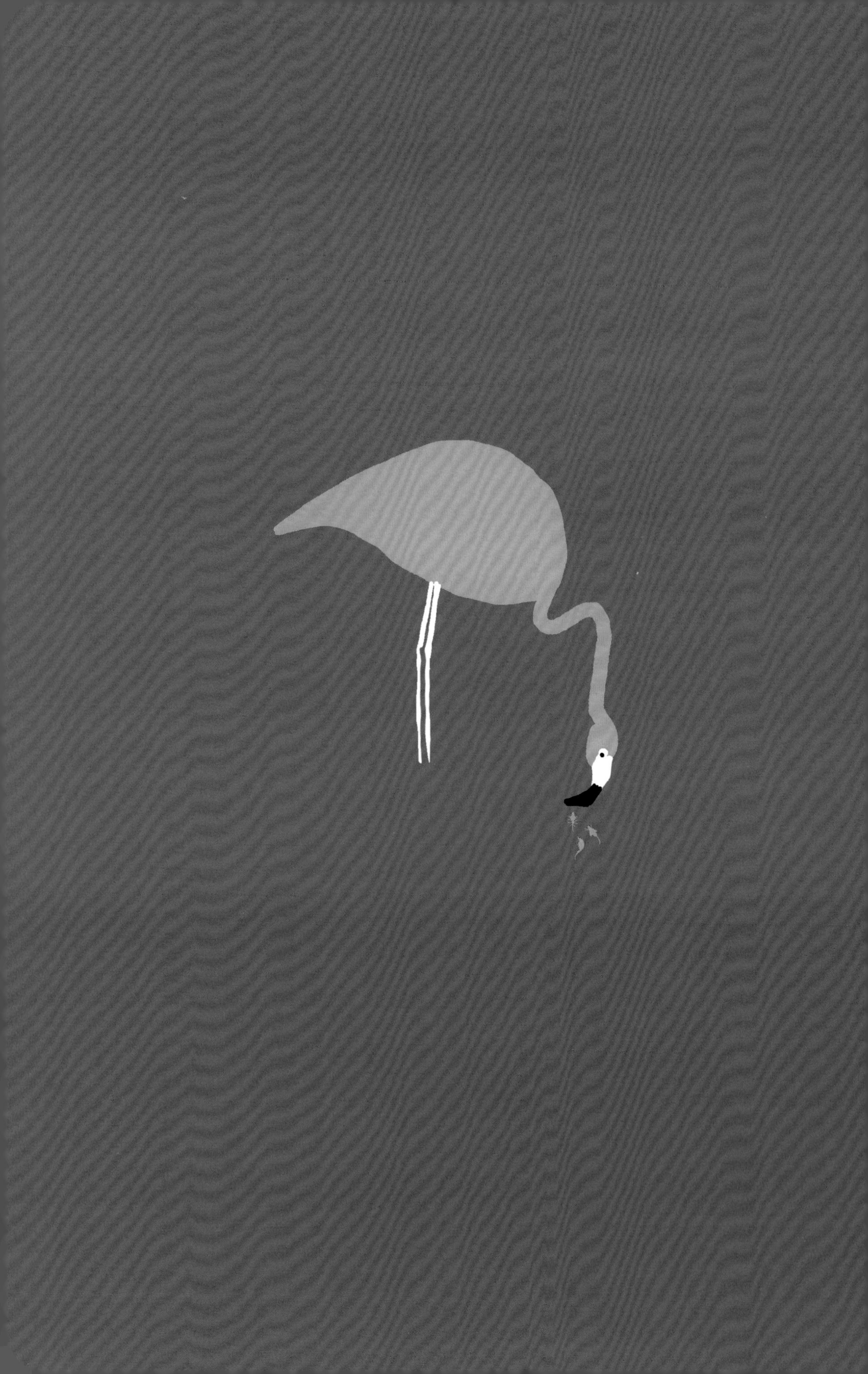

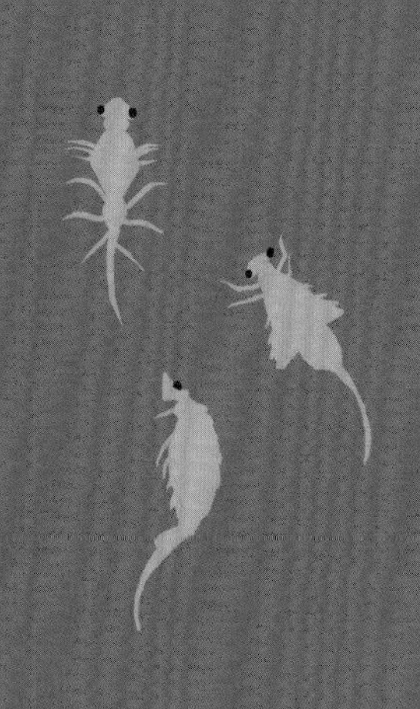

因为火烈鸟吃虾类和蓝绿藻，
所以它是粉色的。

一对火烈鸟一次只能下一个蛋。

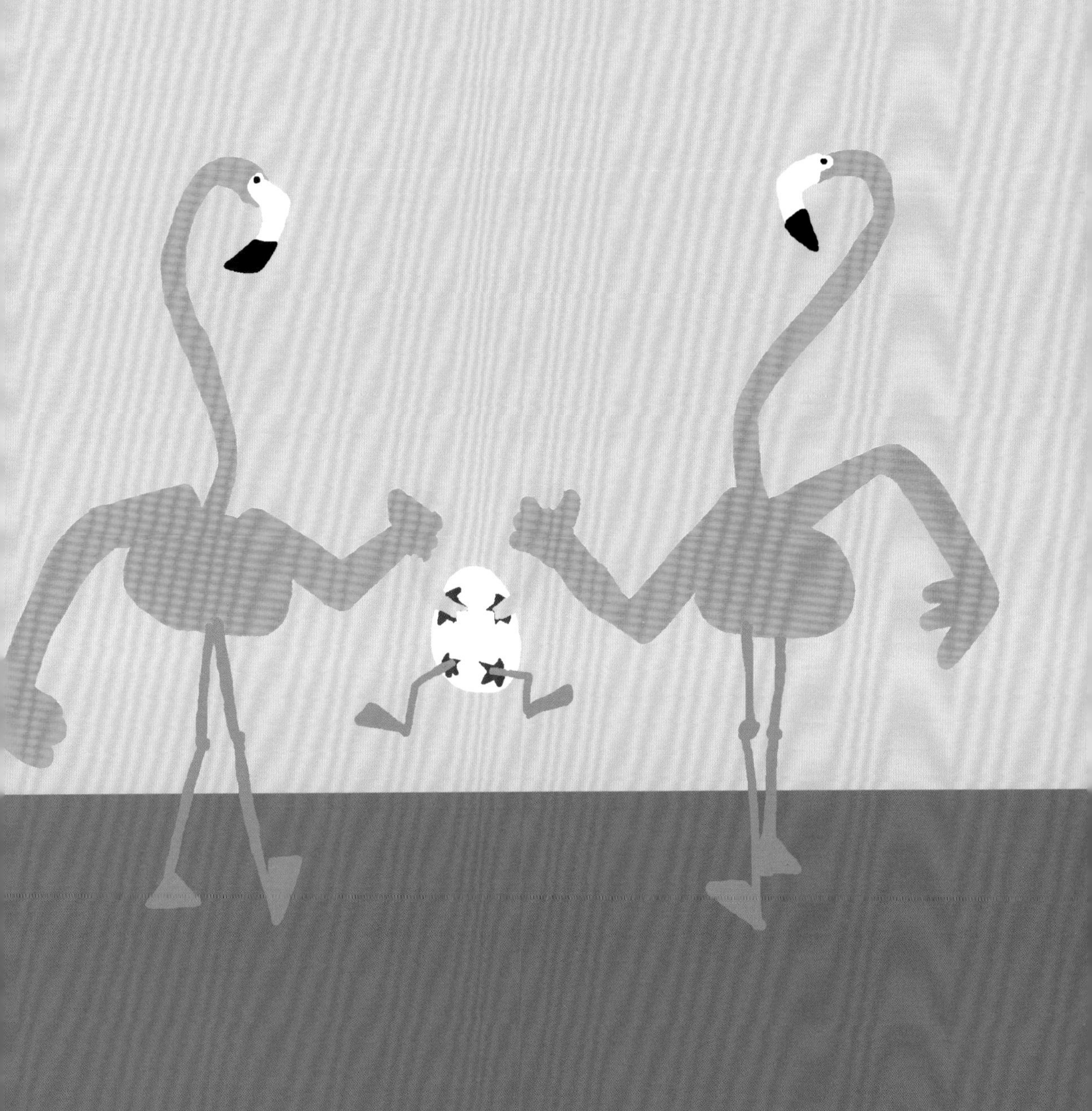

火烈鸟宝宝聚集在一起，
由爸爸妈妈轮流照顾。

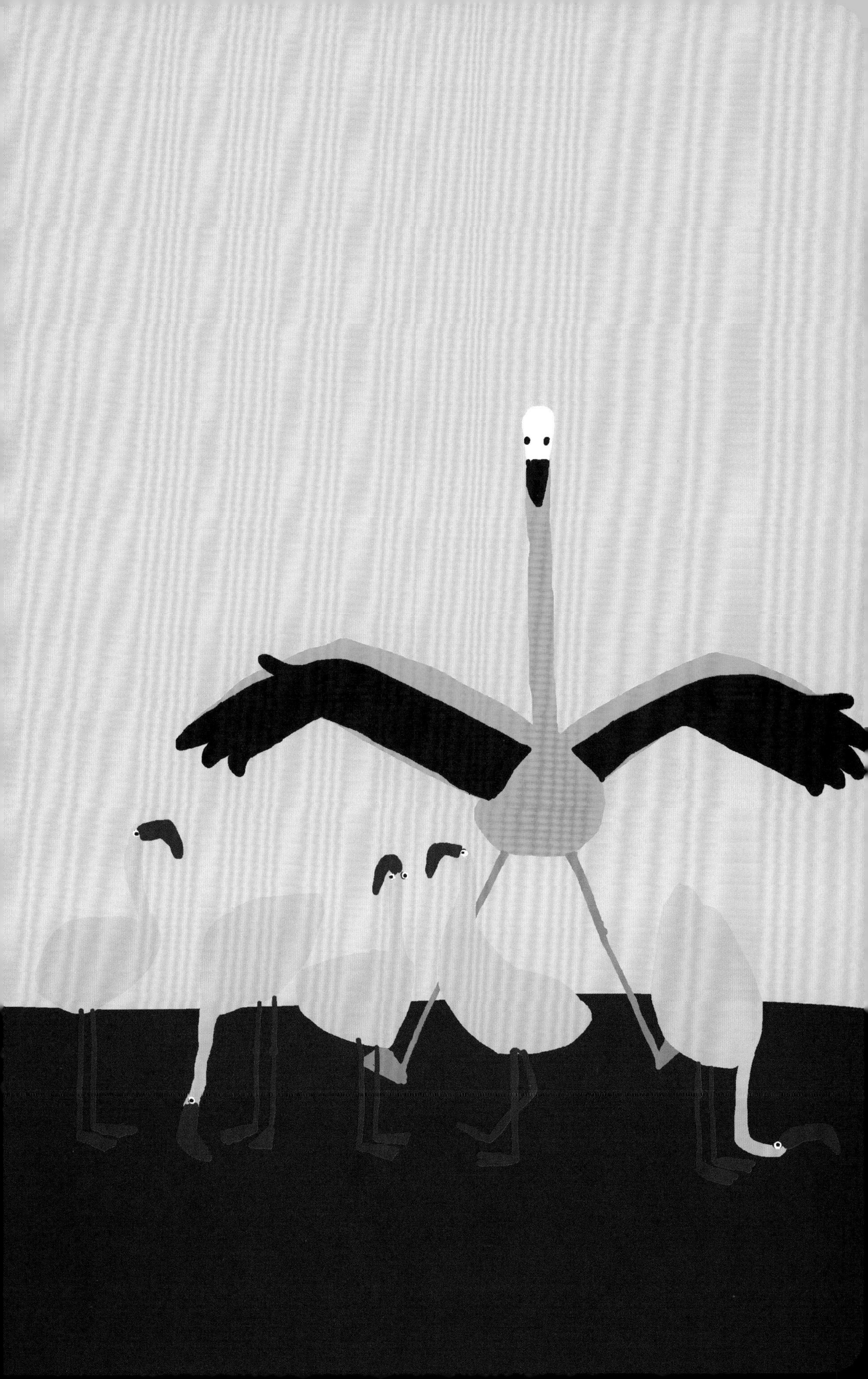

我终于能和火烈鸟对视啦！

一岁的孩子就能读科普书？

没错，因为这是永田达爷爷特别为低龄小朋友准备的启蒙科普书。家长们会发现，这本书的文字量很少，画面传递的信息非常精简，但是非常有趣，特别适合爸爸妈妈跟孩子进行亲子阅读。

赶紧和孩子一起翻开这本《火烈鸟》，跟着永田达爷爷一起来观察火烈鸟吧！

如果孩子之前去过动物园，或者看过相关的绘本或视频，可能对火烈鸟有一定的印象：长长的脖子，长长的腿，身披粉红色的羽毛，如同一位高傲的公主。我们可以问问孩子：你知道为什么火烈鸟拥有这么漂亮的粉红色羽毛吗？你觉得火烈鸟会飞吗？火烈鸟是怎么睡觉的？它的嘴有什么特点？带着这些问题，和孩子们一起看看书中是怎样讲述火烈鸟的外形特征、生活习性和生长规律的。在阅读过程中，爸爸妈妈还可以带着孩子边看边玩，像火烈鸟一样，或单脚站立，或翩翩起舞吧！

图书在版编目（CIP）数据

哈哈哈！有趣的动物. 第二辑. 火烈鸟 /（法）蒂埃里·德迪厄著；大南南译. —长沙：湖南教育出版社，2022.11
ISBN 978-7-5539-9285-3

Ⅰ. ①哈… Ⅱ. ①蒂… ②大… Ⅲ. ①鹳形目－儿童读物 Ⅳ. ①Q95-49

中国版本图书馆CIP数据核字（2022）第190700号

HAHAHA! YOUQU DE DONGWU DI-ER JI HUOLIENIAO
哈哈哈！有趣的动物 第二辑 火烈鸟

责任编辑：姚晶晶 陈慧娜 李静茹
责任校对：王怀玉
封面设计：熊 婷
出版发行：湖南教育出版社（长沙市韶山北路443号）
电子邮箱：hnjycbs@sina.com
客服电话：0731-85486979
经 销：湖南省新华书店
印 刷：长沙新湘诚印刷有限公司
开 本：787 mm × 1092 mm 1/16
印 张：1.75
字 数：10千字
版 次：2022年11月第1版
印 次：2022年11月第1次印刷
书 号：ISBN978-7-5539-9285-3
定 价：152.00 元（全8册）